Tillandsia   Book

Tillandsia　Book

Tillandsia　Book

懶人植物 新寵
空氣鳳梨栽培圖鑑

Tillandsia　Book

100個品種的栽培法

目錄

前言

出版這本書時，我又重新思考了空氣鳳梨的事情。

我為什麼會那麼喜愛這種植物？

為何每天樂此不疲地照顧著它們呢？

栽培空氣鳳梨時，

它的外觀並不能讓人感受到很大的變化。

不過，若試著每天細心地觀察，

還是能發現它們慢慢地在成長變化。

開花、長出子株，偶爾狀況不佳令人擔心……

發現這些細微變化的瞬間，都讓我感到非常開心。

澆水或照顧工作本身也很有趣，

或許就像變了一個人似地，

想像今天澆水，一個月後的植株會有什麼變化，

心情就會感到無與倫比的喜悅。

走在不太寬敞的溫室中，

每天我都能發現植物某處有了些微的變化。

在高興或憂慮植物有所變化的同時，

在小溫室裡來回巡視的我的小腿因此常堅硬如石。

空氣鳳梨的各種姿態，花朵綻放的美麗，

以及從葉子吸收水分的生態等，處處散發神奇的魅力。

最初被空氣鳳梨姿態吸引而購買的人，

若能發現天天都在變化的空氣鳳梨的栽培樂趣，

對我來說就是最開心的事了。

本書若能對此有所幫助，我將感到非常榮幸。

2014年2月　　藤川史雄

Chapter 1

認識空氣鳳梨

空氣鳳梨又被稱為Air Plants，廣受大眾歡迎。
數量也多達600多種，
本章將介紹在日本流通的主要種類的原產地及其特徵。

空氣鳳梨是什麼樣的植物？

空氣鳳梨原是生長在以中南美洲為中心的鳳梨科植物，同科的還有鳳梨屬的觀葉植物。它們的特色是會附生在其他樹木上，一邊從葉片和根部吸收水分，一邊生長，一般會被稱為Air Plants。

空氣鳳梨的故鄉

空氣鳳梨原產地分布得相當廣，從北美南部到加勒比海的群島，其中也包含南美洲；生長的環境也各式各樣，從雨林到幾乎不下雨的沙漠地區都有。它們在野外主要附生在樹木等上面，在適度的陽光和通風，能獲得雨水或霧水等的環境中生長。即使在少雨的沙漠等嚴酷的環境中，它們也能有效率地吸收夜晚的露水來生長。

生長在吹著谷風、通風良好的崖邊樹枝上的費希古拉塔（T. fasciculata）
高度：1,000m
墨西哥‧普埃布拉州（Estado de Puebla）（1988.5.23拍攝）
照片協力：清水秀男

空氣鳳梨
各部位的名稱

特性和其他植物相當不同的空氣鳳梨，根據不同的種類，姿態和構造也五花八門。除了葉子的顏色和外形豐富之外，還能看見充滿個性的各種變化，例如花的外形和顏色、開花時花莖伸展的姿態，以及葉子色澤變化等。以下將大致介紹空氣鳳梨各部位名稱及特徵。

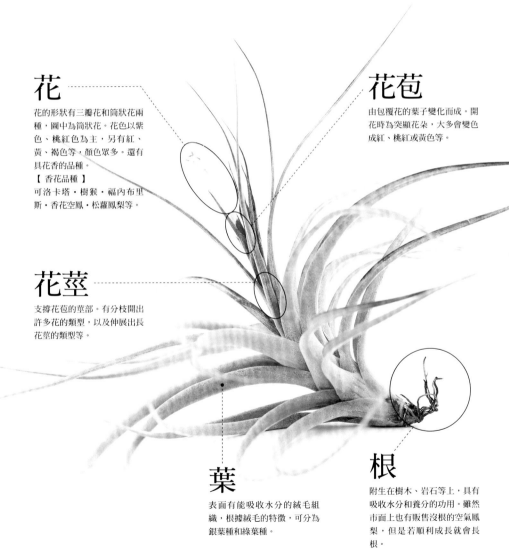

花

花的形狀有三瓣花和筒狀花兩種，圖中為筒狀花。花色以紫色、桃紅色為主，另有紅、黃、褐色等，顏色眾多。還有具花香的品種。
【香花品種】
可洛卡塔・樹猴・福內布里斯・香花空鳳・松蘿鳳梨等。

花苞

由包覆花的葉子變化而成。開花時為突顯花朵，大多會變色成紅、桃紅或黃色等。

花莖

支撐花苞的莖部。有分枝開出許多花的類型，以及伸展出長花莖的類型等。

葉

表面有能吸收水分的絨毛組織，根據絨毛的特徵，可分為銀葉種和綠葉種。

根

附生在樹木、岩石等上，具有吸收水分和養分的功用。雖然市面上也有販售沒根的空氣鳳梨，但是若順利成長就會長根。

11

空氣鳳梨屬的種類

根據空氣鳳梨屬（Tillandsia）的特性，大致可分成空氣鳳梨和積水型鳳梨兩大類。一般稱空氣鳳梨為Air plants，它們主要吸收附於葉片表面的水分；另一方面，積水型鳳梨則是吸收儲存在葉間的水分。

空氣鳳梨又可分為葉片絨毛較多，植株外觀呈銀白色的銀葉種；及比較少絨毛，外觀呈綠色的綠葉種。

Tillandsia type 01	air type	空氣鳳梨

銀葉型

這類空氣鳳梨喜好明亮的環境，為了能耐旱，絨毛發達。例如簇生茂密長絨毛的雞毛撢子，以及長有細絲絨質感般絨毛的霸王鳳等，依絨毛不同的長度和外形，姿態豐富多彩。

由於它們耐旱，相對地，如果絨毛中長時間積滯水分，植株容易腐爛，這點請務必留意。

綠葉型

這類空氣鳳梨絨毛少，喜好水分，不耐強光和乾燥環境。它們自然生長在雨水較多的地區，因此栽培時也要給予較多的水分。

代表性的品種有葉色水嫩的三色花、多國花，及葉上有斑紋花樣的虎斑等。

霸王鳳

哈里斯

小精靈

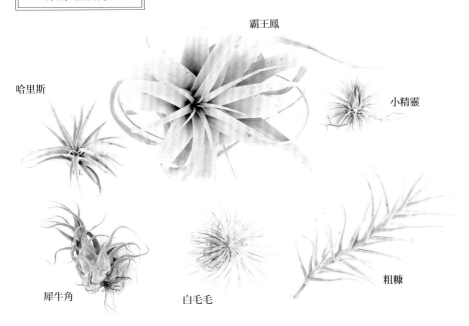

犀牛角

白毛毛

粗糠

章魚

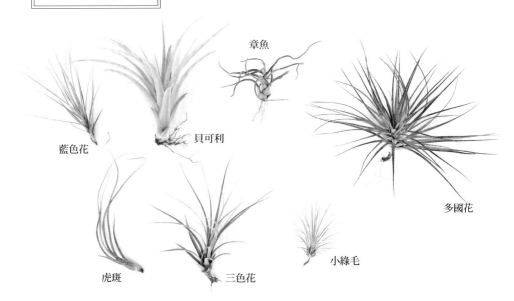

藍色花

貝可利

多國花

虎斑

三色花

小綠毛

Tillandsia type 02	tank type	積水鳳梨

這類型的鳳梨，是在植株根部的葉間儲存水分，而且根部也能吸收水分。它們比空氣鳳梨更喜好水分，適合以能保持濕度的盆缽來栽培。

讓它們經常保持葉間積水的狀態很重要，澆水時，請澆淋大量的水分，以更新舊的積水。

積水型品種中，有子株時長成空氣型，但成長後變成積水型的密瑪（T. Mima）、利瑪尼（T. Lymanii）等。

積水型品種

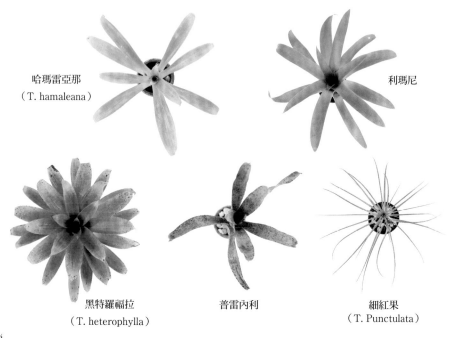

哈瑪雷亞那
（T. hamaleana）

利瑪尼

黑特羅福拉
（T. heterophylla）

普雷內利

細紅果
（T. Punctulata）

空氣鳳梨圖鑑

本書中，依字母排序介紹空氣型和積水型共100種的空氣鳳梨。
請參照圖鑑的閱讀法，了解它們不同的特徵及魅力吧！

圖鑑的閱讀法

玫瑰精靈 ❶

T. ionantha var. *stricta* 'Rosita' ❷

屬名　種名　　變種名　　品種名

❶ 在台灣的通稱。

❷ 學名，以拉丁語表示。空氣鳳梨是鳳梨科空氣鳳
梨屬（Tillandsia）的植物，所以正確的屬名是
Tillandsia，本書中簡寫為T.。每一種的名稱以屬名
+種名來標示。此外，種以下還可分為幾大類，變
種以拉丁縮寫var.、亞種以ssp.等來表示。

縮寫的意義	
ssp.	＝亞種
var.	＝變種
forma / f.	＝品種
''	＝園藝品種
（ ）	＝附註該個體表現的特徵、原產地等

Data		
類型	銀葉	Ⓐ
大小	中	Ⓑ
栽培難度	🌾🌾🌾	Ⓒ
取得難度	🪣🪣	Ⓓ
花色	紫	Ⓔ

Ⓐ 根據空氣鳳梨的特徵別，以銀
葉／綠葉／積水來表示。

Ⓑ 開花的大小：10cm以下的為
小；20cm以下的為中；大於
20cm的以大來表示。

Ⓒ 栽培難度以圖案分為三個等
級。

🌾 ＝難

🌾🌾 ＝普通

🌾🌾🌾 ＝容易

Ⓓ 取得難度以3個等級來表示。

🪣 ＝難

🪣🪣 ＝普通

🪣🪣🪣 ＝容易

Ⓔ 表示花色。

空氣鳳梨圖鑑　#1

A ▸▸▸ M

阿卡蒂
T. acostae

原產於中美洲。和費希古拉塔（P.44）等為相近種，葉質略軟。喜好水分，種在盆缽中時適用浮石等栽培，置於屋外時，讓葉間保持積水，放在明亮的地方管理，能培育出健康的植株。花苞為紅、黃兩色，花色為紫色，開花後能呈現三種華麗的色調。

Data	
類型	銀葉
大小	中
栽培難度	🌱 🌱
取得難度	🪴
花色	紫

花苞和花朵的色調，經良好日照會變得更深濃鮮豔。

紫羅蘭
T. aeranthos

Data

類型	銀葉
大小	中
栽培難度	✿ ✿ ✿
取得難度	🧺 🧺
花色	紫

從巴西到阿根廷，分布的區域相當廣泛。即使同一品種變化也相當豐富，還有許多雜交種，葉色和花色也多彩多姿。因為開花情況佳，容易培育，建議可作為入門品種。鮮麗的桃紅色花苞與深紫色三瓣花的強烈對比，能開出充滿異國情調的美麗花朵。

花期始於3月，比其他品種開花早。

紫羅蘭 × 黃水晶
T. aeranthos × *T. ixioides*

一般認為它可能是紫羅蘭和黃水晶的雜交種。紫羅蘭的紫和黃水晶的黃色混雜，加上透明的灰色花朵，看起來非常美麗。生命力堅韌、易栽培，開花狀況良好，未來普及可期。

Data	
類型	銀葉
大小	中
栽培難度	🌱🌱🌱
取得難度	🪴
花色	灰

泛紅的桃紅色和灰色的組合，散發獨一無二的魅力。

迷你紫羅蘭
T. aeranthos 'Mini Purple'

與植株的大小相比,花苞顯得較大,給人華麗的印象。

Data	
類型	銀葉
大小	小
栽培難度	🌱🌱🌱
取得難度	🪣🪣
花色	紫

它是原產於巴西的園藝品種。因葉色帶紫,外形比一般的紫羅蘭小,故得此名。若給予充足的日照,葉色會變得深濃,光是葉色就美麗可賞。此外,它屬於基本種,也很容易栽培,開花狀況良好,長出的子株易形成分枝,也是它的魅力所在。

紫羅蘭 × 黃金花
T. aeranthos × *T. recurvifolia*

它被認為是紫羅蘭（P.18）和黃金花的雜交種。耐旱、易栽培，開花狀況良好，花苞多。因外形難以辨認，在市面上也常被當作紫羅蘭流通，基本上是較難購得的品種。不過未來普及可期。

Data	
類型	銀葉
大小	中
栽培難度	🌱🌱🌱
取得難度	🪣
花色	淡紫

圖中植株才剛開始開花，所以花顯得很小，但能開出醒目的大花苞和淡紫的三瓣花，非常美麗。

亞伯提那
T. albertiana

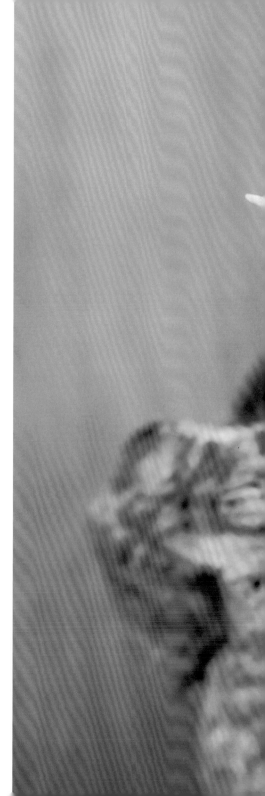

亞伯提那為小型種，肉厚的葉片互生。容易長出子株，也易栽培，但屬於較難開花的品種。雖說如此，它卻能開出其他品種所沒有的鮮紅色三瓣花，是極具挑戰價值的品種。若給予充足的日照和水分，能培育出健康的植株。

Data	
類型	銀葉
大小	小
栽培難度	🌱🌱
取得難度	🪴🪴
花色	紅

與植株大小相比，鮮紅的三瓣花顯得較大，格外醒目吸睛。

阿珠伊
T. araujei

阿珠伊的細短葉片茂密生長的同時，莖也長長地向上伸展。它喜好濕度與水，尤其環境若保持高濕度，就能迅速成長。容易長出子株，讓它群生能形成漂亮的叢生狀。盛開的小小白色三瓣花顯得相當可愛。

迷你馬
阿珠伊
T. araujei var. *minima*

它是阿珠伊的小型變種。基本上葉和莖都比阿珠伊短，葉片緊密生長的姿態深具魅力。成長緩慢，與基本品種等相較，略難栽培。花苞呈桃紅色，花色為很淡的水藍色，相當可愛。

饒舌墨綠
T. atroviridipetala

它是具有「深綠花瓣」之名的墨西哥固有種。和馬鬃（P.33）、普魯摩沙（P.75）是近緣品種。一如其名，它能開出深綠色小花。不耐偏熱的環境，建議盛夏時放在陰涼的地方照顧，並給予充足的水分。適合中高段的玩家栽培。

Data

類型	銀葉
大小	小
栽培難度	🌱
取得難度	🪣
花色	綠

長花梗饒舌墨綠
T. atroviridipetala var. *longepedunculata*

Data

類型	銀葉
大小	中
栽培難度	🌱
取得難度	🪣
花色	綠

它是變成比較大型的饒舌墨綠的變種，不耐夏季的暑熱，不論栽培法或取得難度都和基本種一樣困難。難記的拉丁變種名是「長花梗（花梗＝支撐花序的莖）」之意。若能流利地說出它的學名者，也許能進入空氣鳳梨的高級班嘞！

哈雷彗星貝利藝
（胎生型）

T. baileyi 'Halley's Commet' (Vivipara form)

Data

類型	銀葉
大小	中
栽培難度	🌾 🌾 🌾
取得難度	🏺 🏺
花色	紫

一般認為它是基本種貝利藝的突變種。擁有
Hailley's Commet的美麗名字，為哈雷彗星之意。
和基本種貝利藝一樣能長出許多子株，也容易開
花，是容易培育的品種。

圖中是長出漂亮叢生狀的植株，能清楚看見從花莖長出子
株的樣子。

巴爾薩斯
T. balsasensis

它和雞毛撢子（P.88）是近種，過去以小型雞毛撢子為人所知，外表被覆著長絨毛。喜好乾燥環境，不可長時間淋濕。此外，它不耐熱，必須放在陰涼的場所。

Data	
類型	銀葉
大小	小
栽培難度	🌱 🌱
取得難度	🪣
花色	紫+白

巴爾拉米
T. bartramii

巴爾拉米的葉片筆直叢生，外觀如小型的大三色（P.59）般。因姿態像草一樣，也被稱為草型空氣鳳梨。分布於美國、墨西哥、瓜地馬拉等廣大的區域。耐暑又耐寒，生命力強韌。生長狀況良好時，即使沒開花也會長出子株。

Data	
類型	銀葉
大小	中
栽培難度	🌱 🌱 🌱
取得難度	🪣 🪣
花色	紫

貝利藝
T. bergeri

姿態特色是具有隨風搖晃、翻轉的長長淡紫色花瓣。

Data	
類型	銀葉
大小	中
栽培難度	
取得難度	
花色	淡紫

它是和紫羅蘭（P.18）類似的普及種。雖然在市面上
廣為流通，但可惜大多已和紫羅蘭等雜交，建議可觀
察花來分辨是否為原種。雖然有點難開花，但即使沒
開花，依然會長出子株，可說是適合叢生的品種。

美佳貝利藝
T. bergeri 'Major'

叢生的植株同時開花的姿態，極具觀賞價值。

雖然它和基本種同樣具有淺紫色的三瓣花，不過它的花苞比較大。

Data	
類型	銀葉
大小	大
栽培難度	❀ ❀ ❀
取得難度	🪴 🪴
花色	淡紫

它比貝利藝株型大，是具有長莖的園藝品種。和基本種一樣原產於阿根廷，極具耐寒性，能忍受－5℃的環境，同時也很耐熱，是容易培育的品種。為了讓它開花，給予充足的日照非常重要。

畢福羅拉
T. biflora

它是最小型的積水型鳳梨。因為不耐熱，適合在28℃以下的環境中管理，植株根部請經常保持積水。葉片上如爬蟲類般的斑紋，若有充足的日照會變得更清楚鮮明，不過整體若缺乏日照，顏色會逐漸變淡，這點須留意。

Data

類型	積水
大小	中
栽培難度	🌱
取得難度	🪴
花色	淺桃紅

貝可利 × 琥珀
T. brachycaulos × T. schiedeana

Data

類型	銀葉
大小	中
栽培難度	🌱🌱
取得難度	🪴🪴
花色	乳黃

它是綠葉型貝可利和銀葉型琥珀（P.80）的雜交種。貝可利的特徵是花苞在開花時變成紅色；琥珀的特徵是花朵呈黃色筒狀，而它兩種特徵兼具。葉片和琥珀近似為銀葉型。因為和強韌的同類品種交配，所以很容易栽培。

布郎諾
T. brenneri

它是原產於厄瓜多的積水型鳳梨。和畢福羅拉（P.30）一樣特徵都是整體有斑紋花樣。葉片表面覆有被稱為蠟的白粉，據說此白粉經強烈日照後具有護體的功用。它不耐暑熱，必須頻繁澆水。

Data	
類型	積水
大小	中
栽培難度	
取得難度	
花色	紫

章魚（小蝴蝶）
T. bulbosa

Data	
類型	綠葉
大小	中
栽培難度	
取得難度	
花色	紫

普及種，Bulb為球根之意。從壺形的株體長出彎曲的葉是其姿態特徵。屬於綠葉型，極需水分，也適合在盆缽中栽培。鮮紅的花苞和深紫色筒狀花的對比，非常美麗。

虎斑
T. butzii

外形姿態和章魚（P.31）類似，整體具有細微的斑紋，是具有獨特魅力的品種。非常喜好水分，若水分不足葉尖會開始枯萎，或外葉枯乾。遇此狀況最好增加澆水頻率。此外，它也容易長出子株，形成叢生狀。

Data

類型	綠葉
大小	中
栽培難度	🌱🌱
取得難度	🪴🪴🪴
花色	紫

馬鬃
T. caballosensis

開出和饒舌墨綠類似的黃綠色花朵。

Data

類型	銀葉
大小	小
栽培難度	
取得難度	
花色	綠

它在墨西哥被發現,是最近才受到注意的新品種。和饒舌墨綠(P.25)一樣,在桃紅色花苞中能開出綠色花朵。較難栽培,因不耐暑熱,避免讓它太過乾燥相當重要。特徵是具有彎曲的葉子和渾圓的株體。

卡地可樂
T. cacticola

淺紫色花苞及紫和乳黃色三瓣花的組合十分吸睛，
是極富魅力的品種。因附生在仙人掌（Cactus）
上，因此得名。它的缺點是不易繁殖易開花的新
株。讓它附生在漂流木等上，能培育出健康的植
株。

Data	
類型	銀葉
大小	大
栽培難度	🌱🌱
取得難度	🪴🪴
花色	乳黃＋紫

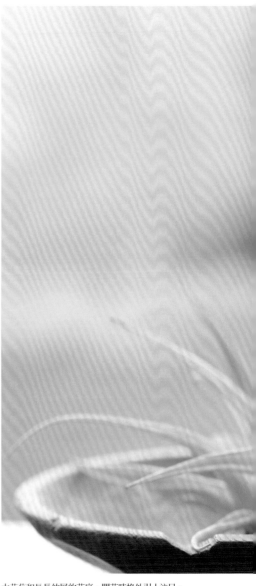

大花苞和長長伸展的花序，開花時格外引人注目。

能開出有紫色鑲邊的乳黃色花朵，配色相當美麗。

卡比拉里斯
T. capillaris

廣泛分布於南美洲，為高約1至3cm的小型有莖種。因株體很小，環境急劇變化時很容易受到影響，不喜極強烈的陽光、炎熱或寒冷等氣候。可以在小盆缽中放入浮石等基材後，再放在上面栽培。

Data	
類型	銀葉
大小	小
栽培難度	🌱 🌱
取得難度	🪣
花色	黃至
	土黃

卡比拉里斯 （HR7093a）
T. capillaris (HR 7093a)

如多肉植物般厚的葉片，左右交錯長出的姿態相當可愛。開花狀況良好、容易群生，不過因為是小型種，必須小心細膩地管理。可以放在盛有浮石的小盆缽中栽培。能開出極小的淺黃色三瓣花，具有甜香味。

Data	
類型	銀葉
大小	小
栽培難度	🌱 🌱
取得難度	🪣
花色	淡黃

女王頭
T. caput-medeusae

女王頭的姿態讓人不禁想起希臘神話中的怪物「美杜莎之頭」，因而有此名稱。它是原產於中美洲的流行品種。流通植株有不同的大小，長到10至12cm時才會開花。在根部有隆起壺形的植株中，它較耐乾燥環境，推薦初學者栽種。

Data	
類型	銀葉
大小	中
栽培難度	🌱🌱🌱
取得難度	🪣🪣🪣
花色	紫

加本文西斯・裘利鳳米斯
T. chapeuensis var. *turriformis*

Data	
類型	銀葉
大小	中
栽培難度	🌱
取得難度	🪣
花色	粉紅

它是近年新發現的品種，筆者取得時還沒有命名，是原產於巴西的加本文西斯的新變種。純白的寬葉片十分美麗，姿態優雅。關於它的詳細資料目前尚不明，只知是和薄紗（P.47）等相近的品種，雖然也能採行相同的栽培法，不過即使在國外也被視為較難栽培的品種。

香檳
T. chiapensis

Data

類型	銀葉
大小	大
栽培難度	🌿🌿🌿
取得難度	🪴🪴
花色	紫

它是在墨西哥東南方的恰帕斯州（Chiapas）採集到的品種，因此被命名為chiapensis。除了肉厚葉片上被覆著白色絨毛外，直到花苞也全覆有絨毛，姿態獨特。具有相當大的花苞也是特徵。成長緩慢，屬於強韌、容易栽培的品種。

銅板的花非常芳香。右側是紫水晶。

銅板
T. 'Copper Penny'

Data

類型	銀葉
大小	小
栽培難度	🌿🌿
取得難度	🪴🪴
花色	黃

如同名字中的Penny（銅幣）的顏色一般，它也會開出深金黃色的三瓣花。覆有絨毛的細銀葉和株體姿態和可洛卡塔（P.40）類似，不過銅板的特徵是葉片肉厚，扭轉彎曲成圓形。開花狀況良好，也常長出子株。

棉花糖
T. 'Cotton Candy'

Data

類型	銀葉
大小	中
栽培難度	🌱🌱🌱
取得難度	🪴🪴
花色	淡紫

它是多國花（P.83）和黃金花的雜交種。深桃紅色
的大花苞上能開出許多淡紫的花朵，姿態非常美
麗，推薦給喜好花朵的人。常長出子株、生命力強
韌，容易培育，是適合初入門者挑戰的品種。

可卡它
T. crocata

它具有如覆著綿毛般的美麗銀葉。不喜有水積滯，
放置在濕度高、略明亮的地方，能種出健康的植
株。若覺得狀態不佳，讓它附生在漂流木上情況可
能會好轉。在良好環境下易長出子株，也是容易叢
生的品種。

Data	
類型	銀葉
大小	小
栽培難度	🌱🌱
取得難度	🪣🪣
花色	黃

因為不喜有水積滯，若栽培容易積水的叢生狀時，必須格外留意。

鮮麗的黃色三瓣花散發甜香，花朵能夠欣賞數天。

紫花鳳梨
(紫玉扇・球拍)
T. cyanea

在日本也被稱為「花鳳梨」，過去就是大家熟悉的空氣鳳梨品種。屬於綠葉型，喜好水分，管理時經常讓它在葉間積水，生長狀態會變好。可使用觀葉植物用土，及水分不易蒸發的塑膠盆栽種。能長出桃紅色的大花苞。

Data	
類型	綠葉
大小	大
栽培難度	🌱🌱🌱
取得難度	🪴🪴🪴
花色	紫

圖中是綠葉中開出紫色花，也有開桃紅色花的植株以及有斑紋的葉片的植株。

迪斯迪卡
T. disticha

細長的花苞上，開出許多花瓣歪扭的黃色小花。

Data	
類型	銀葉
大小	中至大
栽培難度	❀ ❀
取得難度	🪣 🪣
花色	黃

從壺形根部長出長長的細葉，外形特徵和章魚（P.31）、虎斑（P.32）等品種截然不同。花形也很罕見，推薦給喜好搜尋個性植株的人。有點難栽培，若生長狀況不佳，讓它附生在盆缽或漂流木上，就能夠逐漸恢復生氣。

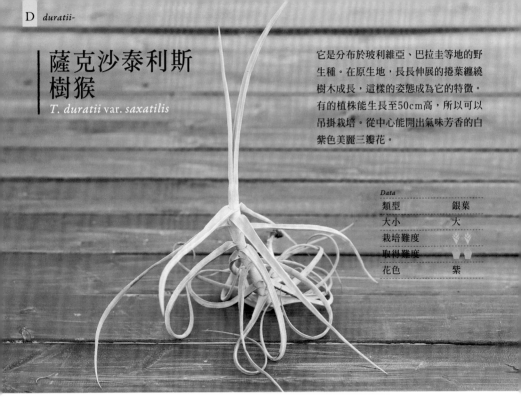

薩克沙泰利斯樹猴

T. duratii var. *saxatilis*

它是分布於玻利維亞、巴拉圭等地的野生種。在原生地，長長伸展的捲葉纏繞樹木成長，這樣的姿態成為它的特徵。有的植株能生長至50cm高，所以可以吊掛栽培。從中心能開出氣味芳香的白紫色美麗三瓣花。

Data	
類型	銀葉
大小	大
栽培難度	🌾🌾
取得難度	🌱🌱
花色	紫

費希古拉塔

T. fasciculata

原生於美國佛羅里達州到哥斯達黎加的廣大區域，特徵是有許多變種。因喜好水分，若栽培於室外時，葉間請保持積水，便能健康地成長。此外，也可以讓它附生在盆栽或漂流木等上。如果順利成長，有的植株可長到50cm以上。

Data	
類型	銀葉
大小	大
栽培難度	🌾🌾🌾
取得難度	🌱🌱🌱
花色	紫

小綠毛
T. filifolia

Data

類型	綠葉
大小	中
栽培難度	
取得難度	
花色	淡紫

小綠毛的綠色細葉和淡紫色小花，散發一種日式風
情。它喜好水分，頻繁地澆水保持濕度相當重要。
建議在盆缽中放入木屑料等保水性用土，時常保持
高濕度來栽培。

零星盛開外形如百合般的小瓣花。

白毛毛
T. fuchsii f. gracilis

它是白毛毛的園藝品種，具有螃蟹般渾
圓的外形和針一般的細銀葉。特徵是具
有比基本種的T. fuchsii fuchsii更細的
葉子。栽培雖容易，但它不耐夏季炎熱
氣候，須注意如果太乾燥，會從葉尖開
始枯萎。開花時，花莖長長地伸展，開
出紫色的筒狀花。

Data	
類型	銀葉
大小	小
栽培難度	🌱🌱🌱
取得難度	🪣🪣🪣
花色	紫

福內布里斯
T. funebris

它是原產於南美洲的小型種。具有多肉質的硬葉，
生命堅韌，在小型種中，它是比較容易栽培的品
種。開花狀況良好，成長緩慢。依不同植株，花色
也五彩繽紛，有土黃色、磚紅色、焦褐色等，若是
未開花的植株，未來可能欣賞到任何顏色的花朵。

Data	
類型	銀葉
大小	小
栽培難度	🌱🌱
取得難度	🪣🪣
花色	土黃等

薄紗
T. gardneri

它是原產於哥倫比亞及巴西的品種，具有閃著淡淡銀白色光芒的葉子。栽培的重點是附生與高濕度。建議讓它附生於素燒盆或漂流木等上，栽培在濕度高、明亮的環境中。玫瑰桃紅色的花朵，從淺桃紅色的花苞中綻放，豪華又美麗。

Data	
類型	銀葉
大小	中
栽培難度	🌱🌱
取得難度	🪣🪣
花色	玫瑰桃紅

大型變種薄紗
T. gardneri var. *rupicola*

它是原產於巴西的薄紗變種。葉色和基本種相同為銀白色，但是它的葉片肉厚，花色從淺桃紅色到淺紫色，顏色相當豐富。栽培法和基本種相同，重點是保持高濕度及讓它附生。

Data	
類型	銀葉
大小	中
栽培難度	🌱🌱
取得難度	🪣
花色	帶紫的桃紅

小牛角
T. gilliesii

它是只有3至4cm的小型種空氣鳳梨。肉厚葉左右交互生長的茂密姿態深具魅力。原本野生於玻利維亞和阿根廷的高地，所以不喜夏季炎熱氣候，請在涼爽的地方管理。植株根部不可積水，最好讓它保持略微乾燥的狀態。

Data	
類型	銀葉
大小	小
栽培難度	🌱
取得難度	🪣
花色	黃

過去它被視為琥珀（P.80）的亞種，但近年來已成為獨立的品種。圖中的植株雖具有和琥珀類似的特徵，但它原本的葉子稍短且彎曲，是容易栽培、群生的品種。開出罕見的筒狀花，黃或桃紅色花朵深具魅力。

雞爪
T. glabrior

Data	
類型	銀葉
大小	中
栽培難度	🌱🌱
取得難度	🪣🪣
花色	黃・桃紅

格拉席拉
T. grazielae

原產於巴西，野生於陡峭岩壁的稀有品種。不易開花，栽培也較困難。因不耐夏季的炎熱氣候，若栽培在冷氣房中，較可能開花。是具有寬幅薄葉的小型品種，展現其他植株沒有的姿態。

Data	
類型	銀葉
大小	小
栽培難度	
取得難度	
花色	桃紅

哈里斯
T. harrisii

強健、容易栽培，是生長較迅速的瓜地馬拉特有種。白葉加上外形優雅的蓮座叢狀，外觀非常漂亮，若健康地培育，可長到直徑約30cm的大小。葉片容易折傷，處理時須特別注意。若給予良好日照，花苞會變成漂亮的紅色。

Data	
類型	銀葉
大小	中至大
栽培難度	
取得難度	
花色	紫

黑特羅菲拉
T. heterophylla

Data

類型	積水
大小	大
栽培難度	🌱🌱🌱
取得難度	🪴
花色	白

在積水型鳳梨中雖然屬於中型，但是
開花時，也有能長到高達1m的大型品
種，原產於墨西哥，其魅力是能耐炎熱
和寒冷的氣候，又容易栽培，葉片上有
稱為蠟的白粉，花苞為白色，也會開出
白色的花。

黑烏貝利藝
T. heubergeri

它和考特斯基（P.60）、斯普電傑（P.81）並列，同樣是淚滴型姿
態的美麗稀有品種。略帶深綠色的葉片，及楔形的葉形，深受大
眾歡迎，但缺點是市面上很少流通，不易取得。從葉間探出紅色
花苞和桃紅色花朵的姿態，也令人印象深刻。

Data

類型	銀葉
大小	小
栽培難度	🌱🌱
取得難度	🪴
花色	桃紅

斑馬
T. hildae

它是德國植物學者維爾納・勞（Werner Rauh）博士的妻子希爾達・勞所發現的開花植株，因此取名為hildae。原產於祕魯北部。開花時包含花莖約可長到2m高（圖中是子株）。因原本野生於乾燥地區，成長後最好像積水型般讓它在葉間積留水分。特徵是葉片上具有條紋花樣。

Data	
類型	銀葉
大小	大
栽培難度	🌱🌱
取得難度	🪣
花色	紫

希爾他
T. hirta

像小牛角（P.48）般葉片交錯互生，是只能長到2至3cm的小型品種。和其他小型種一樣必須細心地管理，能耐旱，但不耐熱，和其他空氣鳳梨相比，栽培難度相當高。能開出芳香的淺黃色小花。

Data	
類型	銀葉
大小	小
栽培難度	🌱
取得難度	🪣
花色	淡黃

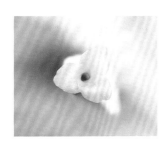

德魯伊小精靈
T. ionantha 'Druid'

Data	
類型	銀葉
大小	小
栽培難度	🌱🌱🌱
取得難度	🪣🪣
花色	白

它是在墨西哥發現的墨西哥小精靈（P.54）的白色變種，在管理上和墨西哥小精靈一樣，因為極耐乾燥環境，放在明亮、通風良好的地方便能健康地成長。保持良好日照，開花時整株會變成金黃色，呈現其他小精靈所沒有的美麗色彩。

火焰小精靈
T. ionantha 'Fuego'

Fuego在西班牙語中是火焰的意思。為瓜地馬拉原產種，鮮紅色的葉片極富魅力。在小精靈中，植株的姿態較為纖細，讓人感覺較柔嫩。原產於低地，和其他小精靈相比，較不耐冷，若給予充足日照，全株都會變成紅色。

Data	
類型	銀葉
大小	小
栽培難度	🌱🌱🌱
取得難度	🪣🪣
花色	紫

瓜地馬拉小精靈
T. *ionantha* (Guatemalan form)

它是產於瓜地馬拉的小精靈。較容易購得,一般市面上流通的小
精靈,大多是這個品種。它和墨西哥小精靈(P.54)等相比,較
難開花,不過不開花,進而成長變大,穩重安定的外觀,也非常
具有觀賞價值。

Data

類型	銀葉
大小	小
栽培難度	🌱 🌱 🌱
取得難度	🪴 🪴 🪴
花色	紫

墨西哥小精靈
T. ionantha (Mexican form)

它是原產於墨西哥的小精靈，開花狀況良好，而且很會長子株，是容易群生的品種，在本書中也會介紹數種叢生情況。開花前，整體會變成紅色，和火焰小精靈（P.52）相比，特徵是呈現略帶橘色的紅色。屬於偏小型的品種。

Data	
類型	銀葉
大小	小
栽培難度	✿✿✿
取得難度	👜👜
花色	紫

從如火焰般外形的植株中，探出深紫色的筒狀花。

如圖般讓植株附生在漂流木或廢木料上，優點是即使長出子株形成叢生狀，也很容易管理。

圖中是墨西哥小精靈的突變情況。這種現象被稱為綴化，成長點呈帶狀變寬生長，呈現出這樣奇怪的模樣。

龍精靈
T. ionantha 'Ron'

Data

類型	銀葉
大小	小
栽培難度	🌱🌱🌱
取得難度	🪴🪴
花色	紫

它是小精靈的園藝品種，特徵是長到7至8cm，外形簡直就像松果一般。容易開花及長出子株，如果栽培在稍微陰暗的環境中，就不會開花，但會成長變大。過去一直很難購得，直到最近漸漸較容易取得。

全紅小精靈
T. ionantha 'Rubra'

Data

類型	銀葉
大小	小
栽培難度	🌱🌱🌱
取得難度	🪴🪴🪴
花色	紫

它是原產於瓜地馬拉的小精靈，外形穩重，容易取得。長到7至8cm仍不會開花，大多是園藝品種，不過開花時整株會變成桃紅色，和深紫色花朵形成強烈對比，極富魅力。同樣是小精靈，大型變種的T. ionantha var. maxima，開花時也會變成桃紅色。

玫瑰精靈
T. ionantha var. *stricta* 'Rosita'

它是原生於墨西哥的小精靈，植株根部呈可愛的圓形。特徵是具有細長鮮紅的葉子，因此過去以 ionantha 'Rosita' 之名流通，而現在會加上變種名。除了開花時需要明亮的環境之外，在那樣的環境下葉子才能常保紅色。

Data

類型	銀葉
大小	小
栽培難度	🌾🌾🌾
取得難度	🪴
花色	紫

長莖小精靈
T. ionantha var. *van-hyningii*

它是原來分布在墨西哥部分地區的小精靈變種。具有莖部和寬大的葉片，雖然姿態奇怪與其他小精靈截然不同，但是基本的培育法相同。成長緩慢，不易開花，即使沒開花也能長出子株，是比較能夠變多的品種。

Data

類型	銀葉
人小	小
栽培難度	🌾🌾🌾
取得難度	🪴🪴
花色	紫

黃水晶
T. ixioides

在泛白的銀葉與花苞的裂縫中長出的小型黃色花，顯得格外醒目。

Data

類型	銀葉
大小	中
栽培難度	🌱🌱
取得難度	🪴🪴
花色	黃

開黃色花的黃水晶是原產於玻利維亞的品種。它和其他的空氣鳳梨不同，開花時花苞不會變色，看起來猶如枯萎一般，但突然間便開出鮮豔可愛的黃色三瓣花。白色葉片堅硬易折斷，處理時請小心。

猶空大
T. jucunda

Data

類型	銀葉
大小	中
栽培難度	🌱 🌱 🌱
取得難度	🪴 🪴
花色	乳黃

圖中的花瓣輪廓呈圓弧形，但根據不同的植株，有的花瓣前端呈尖形。

猶空大分布於玻利維亞到阿根廷等地區。深桃紅色花苞和乳黃色三瓣花的組合惹人愛憐，是愛花者能充分欣賞的品種。極耐寒、暑熱的氣候，生命力強韌，開花狀況良好，初學者也很容易挑戰。葉硬較易折斷，處理時必須留意。

大三色
T. juncea

Data

類型	銀葉
大小	中至大
栽培難度	🌱🌱🌱
取得難度	🪴🪴🪴
花色	紫

變成淺桃紅色的花苞和紫色筒狀花。

原生於墨西哥至巴西的廣大地區。細葉叢生，植株姿態獨特。它具有強健的生命力，在空氣鳳梨中，是能健康成長植株中的資優生。也容易長子株，可說是十分優秀的品種。從20至50cm大小不一。因為容易長子株，所以容易叢生也是它的優點。

考特斯基
T. kautskyi

Data

類型	銀葉
大小	小
栽培難度	🌱🌱
取得難度	🪣
花色	桃紅

雖是4至5cm的小型種，卻能長出大花苞和花朵，姿態非常華麗且漂亮。

它是葉色素雅的小型美花品種。比起同樣是淚滴型的黑烏貝利藝（P.50），比較容易購得，可說是十分受歡迎的稀有種。雖然喜好水分，但栽培上並沒有那麼難，1至2年開花一次。子株從花序的根部長出，因此比較難分株。

金柏利
T. 'Kimberly'

開出和松蘿鳳梨及球青苔截然不同的花色，非常有趣。

Data	
類型	銀葉
大小	5㎝至1m
栽培難度	
取得難度	
花色	黃色帶紫斑

它是松蘿鳳梨（P.94）及葉片捲曲成圓弧狀的球青苔（T. recurvata）的雜交種，長莖如下垂般長長地生長。栽培方法與松蘿鳳梨類似，它會開出小型花朵，黃綠與紫色混雜，色彩微妙。因為一棵棵植株很細，所以都像圖中般成叢販賣。

拉丁鳳梨
（毒藥）
T. latifolia

Data	
類型	銀葉
大小	小至大
栽培難度	
取得難度	
花色	桃紅

分布在厄瓜多至秘魯的廣大地區，從樹林般濕度與日照條件良好的地區，到乾燥的岩石區，能在不同的環境中生存。雖然不難栽培，但是小植株不喜積水，必須在通風良好的地方培育。開花的大小從小至大型不等，根據不同的植株而有所差異。

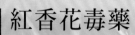

紅香花毒藥
T. latifolia ‘Enano Red form’

Data	
類型	銀葉
大小	中
栽培難度	
取得難度	
花色	桃紅

紅香花毒藥因為絨毛少，也能看見綠葉，屬於有莖的銀葉種。直徑6至7cm的蓮座叢狀多肉質葉長長地伸展成長。又有紅色小人之稱，為了讓它變成紅色，必須給予良好的日照。從花莖長出子株時，也會有許多種子。

羅莉雅紀
T. loliacea

圖中是在群生株中長出多根花莖。黃色花具有怡人的芳香。

Data

類型	銀葉
大小	小
栽培難度	
取得難度	
花色	黃

開花大小為2至3cm，在小型種中，屬於強健、較易培育、常開花且結實的品種，所以也能從種子開始培育。開花時，從小植株中伸出長長的花莖，會開出黃色小三瓣花。

雷曼尼
T. lymanii

原產於厄瓜多，是直徑能長到60cm以上的大型積水型品種。原生於乾燥地區。還是子株時，因葉間不能有積水，所以和母株同樣地栽培，種在以浮石和木屑料作為用土的盆缽中便能順利成長。成長緩慢，容易栽培。

Data	
類型	積水
大小	大
栽培難度	🌱 🌱
取得難度	🪣
花色	紫

藍花松蘿
T. mallemontii

Data	
類型	銀葉
大小	中
栽培難度	🌱 🌱
取得難度	🪣 🪣
花色	紫

和可洛卡塔（P.40）性質類似，但它葉細、不耐旱，勤於澆水、保持濕度才能健康成長。如果群生會變得較強韌，能開出許多花朵，建議以叢生狀來栽培。開花狀況良好，小的紫色三瓣花具有香味。

大白毛
T. magnusiana

它的特徵是具有細白葉片,原產於瓜地馬拉。不耐旱,缺水時葉尖會枯萎,請以此作為澆水的標準。此外,它也不喜有積水,放在通風良好的地方栽培也很重要。謹慎管理下葉片數會增加,植株外觀能長成漂亮的球狀。

Data	
類型	銀葉
大小	中
栽培難度	🌱🌱
取得難度	🪣🪣🪣
花色	紫

曼東尼
T. mandonii

Data	
類型	銀葉
大小	小
栽培難度	🌱🌱
取得難度	🪣
花色	黃

曼東尼和羅莉雅紀(P.63)同樣是Diaphoranthema的一種。多肉質的棒狀葉片一邊伸展,一邊成長,植株長到5至6cm時會開花。植株外觀如可洛卡塔(P.40)般嬌小,非常可愛,不過它也是較難購得的品種。在裝入浮石的素燒盆中栽培,植株能健康成長。

1
Column

如何挑選空氣鳳梨？
在哪裡購買呢？

以下將介紹實際購買空氣鳳梨時該注意的事項，
以及要在哪些店家購買。

如何挑選？

point **1** > 挑選葉片富光澤，飽滿有彈性的。

適度澆水的植株，葉片飽滿富彈性且有光澤；相
反地，植株如果缺水，有的葉緣會捲曲，有的葉
面會有皺褶，或葉尖有枯萎的現象。

（狀況不良例）

point **2** > 試著拿拿看，挑選具重量感的。

植株如果缺水，重量會變輕；相反地，若栽培在
室內陰暗處又頻繁澆水，植株會從芯的部分開始
腐爛。從外觀看起來即使沒那麼明顯，但試著以
手掂掂看，如果覺得重量比外觀看起來輕，植株
就可能發生上述兩種情況之一。

point **3** > 試著輕壓莖部等處，挑選有彈性的。

植株如果缺水便會枯萎；相反地，如果葉間積水
則容易腐爛，植株觸摸起來會缺乏彈性。以不弄
傷植株的力道輕輕按壓根基部分，感覺有彈性的
才是健康的植株。

point **4** > 挑選植株整體沒變色的。

（狀況不良例）

植株若積水可能會腐爛，若缺乏水分，葉子可能
會變成灰色或褐色。銀葉型等空氣鳳梨從外觀上
很難清楚判別，如圖所示，若葉子顯得缺水沒彈
性，而且拿起來感覺很輕，就表示可能已經枯萎
或腐爛了。

在哪裡購買？

shop **1** > 園藝店等專門店

空氣鳳梨除了在園藝店有販售之外，最近在大型
的Home Center或超市的園藝區等處均有販售。
但是有的店面只展售並不照料，所以建議最好在
管理健全的商店購買，或在商店或植物園主辦的
展示銷售會等處購買。

shop **2** > 網路銷售‧拍賣網站等

除了筆者營運的SPECIES NURSERY之外，國
內外還有許多網路商店有售空氣鳳梨。其他像日
本的Amazon及雅虎等拍賣網均有販售。

shop **3** > 日本百圓商店‧雜貨店等

在日本百圓商店、雜貨店等也有各式各樣的品種
可供選擇，但是，那些商店販售的空氣鳳梨，常
有澆水不足或照料不周的情形。所以購買時請仔
細檢視。

空氣鳳梨販售店家

■SPECIES NURSERY

這是筆者經營的網路商店。從普及種到稀有種的空氣鳳梨一應俱全，能購買到經過仔細照料的健康植株。本店另以藤川商店為名，專營園藝專賣店等植物批發，或負責統籌植物展、蘭展等活動。

TEL：090-7728-5979（10:00至19:00）
http://speciesnursery.com

東京都

空氣鳳梨花園（Tillandsia Garden）

2012年開幕，以販售空氣鳳梨為主的鳳梨科植物專門店。從普及種到稀有種等一應俱全。每天的採購內容及稀有種等資訊請至部落格（http://ameblo.jp/daikichiiiii/）確認。

東京都台東區淺草橋4-7-5
定休日：週一・週四等（在部落格通知）
營業時間：12:00至19:30
MAIL：tillandsia_garden@yahoo.co.jp

■Protoleaf Garden Island 玉川店

除了空氣鳳梨外，還販售各式各樣植物、園藝用品，以及培養土公司才有的各種專門培養土等，為東京都內最大規模的園藝店。精美的展示用品等也一應俱全。

東京都世田谷區瀨田2-32-14
Garden Island 1F，2F
TEL：03-5716-8787
定休日：僅元旦
營業時間：10:00至20:00
http://www.protoleaf.com

■ Ozaki Flower Park

在劃分為園藝和觀葉植物等四大區塊的店內，展售數量龐大的植物。該店讓人能感受植物自然姿態的展示風格，頗富魅力。在員工部落格中，能得知最新的到貨情報。

東京都練馬區石神井台 4-6-32
TEL：03-3929-0544
定休日：元旦　營業時間：9:00至20:00（冬季至19:00）
http://ozaki-flowerpark.co.jp

神奈川縣

■ Sakata Seed Garden Center

它是種苗老店Sakata Seed直營的園藝店。以販售花卉、蔬菜的種苗、花盆、園藝用品、青果等為主，也有種類豐富的空氣鳳梨。每個季節也會主辦市集或特賣會等。

神奈川縣橫濱市神奈川區桐畑 2
TEL：045-321-3744
定休日：年末年初　　營業時間：10:00至18:30
http://www.sakataseed.co.jp

■ 花散里／hanachirusato

2013年開幕，專門販售多肉植物、空氣鳳梨、鹿角蕨等植物。能配合顧客需求代購人氣植物。
從部落格（http://hanachirusato.jp/blog/）中能了解新商品的資訊。

神奈川縣橫濱市南區吉野町 3-16
TEL：045-315-6428
定休日：不定休　　營業時間：10:00至17:00
http://hanachirusato.jp

福岡縣

■ 平田Nursery

平田Nursery是以福岡為中心的園藝店，全境共開設7家分店。其中，在春日店BALCONE，主要販售空氣鳳梨等充滿個性的植物。也代客訂購空氣鳳梨。

春日店BALCONE／福岡縣春日市春日 3-20
TEL：092-582-7581
定休日：不定休　　營業時間：10:00至18:30
http://www.hirata-ns.co.jp

Chapter **2**

空氣鳳梨圖鑑 #2

O ---> Z

｜羅根
T. orogenes

羅根屬積水型鳳梨，植株是大約30cm的小型種。
因為葉間不能積存太多水，所以頻繁澆水相當重
要。因不耐熱，夏季要置於涼爽的地方，以盆缽栽
種方式管理。開花時，伸展出的長長花莖及花苞都
會變成鮮紅色，能欣賞到如熱帶鳥類般的姿態。

從長出花序到花期結束，約可欣賞半年以上的時間。

Data	
類型	積水
大小	中
栽培難度	🌱
取得難度	🪴
花色	紫

包覆紫色筒狀花，外形尖銳的花苞長長地垂下。

粗糠
T. paleacea

粗糠的特徵是具有莖以及覆著絨毛的白色葉片。依不同的植株，有各種不同的葉形和大小。非常耐旱，生命力強韌，而且也極耐熱和冷，是容易栽培的品種。放在通風和日照良好的地方，能夠健康地成長，即使沒有開花，也能長出子株。

Data

類型	銀葉
大小	小至大
栽培難度	🌱 🌱 🌱
取得難度	🪴 🪴
花色	淡紫

依不同的植株，有各式各樣的尺寸，從前面開始約3cm的為小型，約15cm的為中型，30cm的為大型。

花瓣是大又華麗的三瓣花，呈現沉靜的紫色。

小綿羊
T. penascoensis

它是2004年才被介紹的新品種。覆有純白絨毛的姿態，乍看和雞毛撢子（P.88）類似，但它和普魯摩沙（P.75）相近，不耐熱，而且也不喜歡太乾燥的環境，不容易栽培。特色是具有圓弧狀的姿態。會開出小綠花。

Data	
類型	銀葉
大小	小
栽培難度	🌱
取得難度	🪣
花色	綠

小海螺
T. peiranoi

小型種大多屬於Diaphoranthema的族群，但它是例外的小型品種。會開出約2至3cm的小花，成長非常緩慢，要很長的時間才會開花。和其他小型種同樣具有多肉質葉片，也耐旱，但讓它附生並保持濕度，能培育出健康的植株。

Data	
類型	銀葉
大小	小
栽培難度	🌱 🌱
取得難度	🪣
花色	紫

普魯摩沙
T. plumosa

Data

類型	銀葉
大小	中
栽培難度	🌱🌱
取得難度	🪣🪣
花色	綠

它和饒舌墨綠（P.25）及馬鬃（P.33）等品種近似，是原產於墨西哥的綠花種。茂密叢生的絨毛和雞毛撢子（P.88）類似，不過它原本生長在森林等處，不耐太炎熱的氣候，喜好水分。夏季時最好栽培在通風良好的地方，並保持濕度。

小型細紅果
T. punctulata 'Minor'

Data

類型	積水
大小	中
栽培難度	🌱🌱🌱
取得難度	🪣🪣
花色	紫

Minor是小型的意思。在長葉的根部能夠積存水分，若以浮石和木屑料混合的用土，以盆缽栽培管理，能健康成長。即使沒開花，也會從植株根部長出子株，是強健的品種。

黃金花・胭脂
T. recurvifolia var. *subsecundifolia*

歷經15年以上時間，成長變大的叢生狀。

它是具有彎向單側之名的黃金花的變種。原產於巴西，能耐旱，也極耐炎熱或寒冷的氣候，是比基本種更容易栽培的品種。此外，它常長出子株，容易形成叢生狀也是它吸引人的魅力所在。以附生方式栽培，生長狀況會變好。

Data	
類型	銀葉
大小	中
栽培難度	✿✿✿
取得難度	🪣🪣
花色	白

朱紅色的花苞，非常大又華麗。

羅安茲力
T. roezlii

它是原產於秘魯的積水型品種。若給予良好日照，斑紋花樣會顯得更清楚鮮明。屬於大型品種，能成長到直徑50cm的大小，莖也會伸展至60至70cm高。雖然可以直接栽培，不過若讓它附生，生長狀況會更好。適合以盛有浮石的素燒盆來栽培。

Data	
類型	積水
大小	大
栽培難度	🌱 🌱
取得難度	🪣
花色	紫

卡博士
T. scaposa

過去它被視為小精靈的變種，被稱為小精靈‧卡博士（T. Ionantha scaposa），不過後來以科比（kolbii）之名獨立出來。而其中一部分又獨立成為卡博士，現在即以此為名。它原產於瓜地馬拉，略不耐夏季的暑熱，容易培育，最好在陰涼的地方管理。開花時，外形纖細的葉子會變成漂亮的朱紅色。

Data	
類型	銀葉
大小	小
栽培難度	🌱 🌱 🌱
取得難度	🪣 🪣 🪣
花色	紫

犀牛角
T. seleriana

Data

類型	銀葉
大小	中至大
栽培難度	🌱🌱
取得難度	🪴🪴🪴
花色	紫

如火焰般外形的株體前端，會開出煙火般的花苞和紫色筒狀花。

植株獨特的外形，屬於富存在感的壺形品種。在栽培上，和女王頭（P.37）等其他壺形品種相比，能夠長得比較大株，其中有的甚至能超過50cm。成長迅速，在春至秋季讓莖之間積水，可放在室外栽培。在原生地與螞蟻共生，因此也是螞蟻植物的一種。

琥珀
T. schiedeana

Data

類型	銀葉
大小	中
栽培難度	🌱🌱
取得難度	🪴🪴
花色	黃

原產於中美洲。大量澆水能培育出狀態良好的植株。它容易自體受粉，也容易有種子，但不易長子株，因此希望群生時，若長出種子就要立刻去除。另外有大型的琥珀（schiedeana 'mayor'），及小型的琥珀（schiedeana 'minor'）等園藝品種。

比較珍稀的黃色筒狀花，和紅色花苞組合顯得益發鮮麗。

索姆
T. somnians

它是原產於厄瓜多的積水型品種，即使不使用盆缽也能栽種。在積水型品種中，它較容易開花，開花後不只植株根部，連花莖也會長出子株，可說是容易繁殖的品種。圖中是子株，不過開花時株體的直徑需達40cm，花莖長度也會長到80cm以上。

Data	
類型	積水
大小	大
栽培難度	🌱🌱
取得難度	🪣🪣
花色	紫

斯普電杰
T. sprengeliana

原產巴西，植株外觀為淚滴形的可愛小型種。2013年，在華盛頓公約中，雖然已從限制交易的名單中去除，不過現在仍然較難取得。開花時，能長出和株體大小不相稱的美麗桃紅色大花苞和花朵，相當顯眼。

Data	
類型	銀葉
大小	小
栽培難度	🌱🌱
取得難度	🪣
花色	桃紅

香花空鳳（迷你樹猴）
T. streptocarpa

Data

能開出直徑大約2cm的紫色大花，散發怡人的香味。

類型	銀葉
大小	小至大
栽培難度	🌾🌾🌾
取得難度	🪣🪣
花色	紫

它和薩克沙泰利斯樹猴（P.44）類似，屬於莖部稍短的品種。從直徑不到10cm的小型品種，到超過50cm的大型品種，根據不同的植株，大小也不一。開花狀況良好，耐旱，也耐炎熱及寒冷的氣候，可說是十分強健的品種。請在有良好日照的地方栽培。

電捲燙
T. streptophylla

外形如丸子般呈圓形，是非常可愛的壺形種。彎曲的葉子一乾燥會捲縮成圓形，若給予充足的水分又會舒展挺立，能欣賞到截然不同的姿態。在壺形種中它是能長到比較大的，有的甚至能長到直徑30cm。讓它附生，給予大量水分就能健康生長。

Data	
類型	銀葉
大小	中至大
栽培難度	✿✿
取得難度	🪴🪴
花色	紫

多國花
T. stricta

Data	
類型	綠葉
大小	中
栽培難度	✿✿✿
取得難度	🪴🪴🪴
花色	紫

多國花可說是綠葉種的代表。綠葉柔軟，所以有時也以軟葉多國花之名流通。在多國花中屬於喜好水分的品種，越澆水能越健康地成長，建議喜歡照料的人栽種。開花狀況良好，能開出桃紅色大花苞，非常值得欣賞。

多國花・銀星
T. stricta 'Silver Star'

Data	
類型	銀葉
大小	中
栽培難度	❦ ❦ ❦
取得難度	🪴 🪴
花色	紫

它是多國花的園藝品種。葉子是美麗的銀葉，從上
面觀看植株外觀如星星一般，因而得名。與基本種
的多國花相比，成長較緩慢，但是同樣喜好水分，
植株強健，容易栽培。若有充足的日照，會變化成
泛紫的葉色。

多國花・阿爾比佛利亞
T. stricta var. *albifolia*

色調優雅的桃紅色花苞和淡紫色花的組合非常可愛。

Data	
類型	銀葉
大小	中
栽培難度	🌿 🌿 🌿
取得難度	🪴 🪴
花色	紫至白

它又具有白葉之稱，是多國花的變種。非常耐旱，容易栽培，成長略微緩慢。花苞比基本種小，花色呈優雅的桃紅、白或紫色等，顏色相當豐富，購入的植株究竟會開出何種顏色的花？還能享受這種期待的樂趣。

這個植株是開白色花的多國花・阿爾比佛利亞・哥斯坦柔
（costanzo）。白色花非常罕見珍稀。

多國花・比尼佛爾密斯
T. stricta var. piniformis

筆者在2006年取得這個品種時還沒名
字,之後才被命名的新變種。多國花
的變種中,有7至8cm大小,有小型的
考特斯基(P.60),以及如斯普電杰
(P.81)般淚滴形的。它極耐旱,喜好
日照充足和通風良好處。

Data	
類型	銀葉
大小	小
栽培難度	🌱 🌱
取得難度	🪴
花色	紫

硬葉多國花
T. stricta (Hard Leaf)

Data	
類型	銀葉
大小	中
栽培難度	🌱 🌱
取得難度	🪴 🪴
花色	紫

它是多國花的栽培品種。在種類繁多的多國花中,一如硬葉的名
稱,它的特徵是具有肉厚的硬葉。絨毛多,耐乾燥環境,強健易
栽培,適合推薦給初學者。比起其他的多國花,它能開出更鮮
豔、美麗的桃紅色花苞和紫花也深具魅力。

雞毛撢子
T. tectorum

圖中的植株雖是有莖的大型品種，但其他還有蓮座叢型及小型等各種類型。它的絨毛長，極耐旱，相對地也極不喜有水積滯。而且，如果沒有充足的日照，當澆水太多時，會長出短絨毛的葉子，失去白色感。放在通風良好處，以稍微減少澆水的方式來栽培。

Data	
類型	銀葉
大小	中至大
栽培難度	🌱 🌱
取得難度	🪣 🪣
花色	紫＋白

雞毛撢子・安那諾
T. tectorum 'Enano'

在西班語中，它有小人之稱，大約只會長到15cm高，屬於雞毛撢子的小型園藝品種。不喜有水積滯，放在通風良好，有充足日照處管理，能培育出健康的植株。在通風差、陰暗處栽培，則會長出絨毛短的葉子。

Data	
類型	銀葉
大小	小
栽培難度	🌱 🌱
取得難度	🪣
花色	紫＋白

小型雞毛撢子
T. tectorum (Small form, Loja Ecuador)

Data

類型	銀葉
大小	中
栽培難度	🌱🌱
取得難度	🪣
花色	紫＋白

這是在厄瓜多Loja州採集到的小型雞毛撢子。雞毛撢子一般是生長在乾燥的岩石地區，但這棵植株可能是為了附生在樹木上，因此絨毛變得比較少。它適合放在日照稍少，但通風良好處栽培，平時少澆點水，培育法和基本種相同。

從色彩黯淡的桃紅色花苞中，會開出結合了紫色與白色、少見的色彩組合的花朵。

紫水晶
T. tenuifolia 'Fine'

Data

類型	綠葉
大小	小
栽培難度	🌱🌱
取得難度	🪴🪴
花色	紫

纖細的葉子如果缺少水分，會變得非常衰弱，一旦斷水葉子便會枯死，這點須注意。在裝有浮石和木屑料用土的塑膠盆中栽種，保持濕度並給予大量水分，能夠種出健康的植株。開花狀況良好，開花後會長出2至3株子株，建議讓它形成叢生狀。

小植株上能開出和它株體不相稱的淺紫色大花。

銀雞冠
T. tenuifolia 'Silver Comb'

同時盛開2至4朵泛白的三瓣花。

Data

類型	銀葉
大小	中
栽培難度	
取得難度	
花色	白

它是藍色花的有莖園藝品種。屬於銀葉型，莖一邊伸展，一邊長出細葉，因為這樣的姿態，又被稱之為銀梳。管理上須多澆水，才能健康地成長。此外，若吊掛放置，莖會呈現捲曲，且迅速伸展，如龍一般的姿態非常漂亮。

藍色花・斯特羅比福米斯
T. tenuifolia var. *strobiliformis*

它和圖中那樣會從美麗綠色變成深紫色的 T. tenuifolia var. trobiliformis purple form一樣，是葉色會變化的雞毛撢子的變種。雞毛撢子中，這個品種開花狀況特別好，每年都會開花，是容易群生的種類。在管理上多澆水，能夠培育出健康的植株。

Data

類型	綠葉
大小	小
栽培難度	🌱🌱
取得難度	🪴
花色	白

發色良好的桃紅色花苞，會開出小的白色三瓣花。

藍色花・紫水晶
T. tenuifolia var. *surinamensis* 'Amethyst'

它是給人深紫色葉片印象的 T. tenuijolia var. surinamensis的園藝品種。若隔著窗簾長時間給予稍弱的日照，葉色會變得更深濃，雖然較不容易開花，但是開花後會長出2至3株子株，變成叢生狀。和藍色花・斯特羅比福米斯（P.92）一樣，若給予大量水分，能養出健康的植株。

Data	
類型	銀葉
大小	中
栽培難度	🌱🌱
取得難度	🪴🪴
花色	白

三色花
T. tricolor var. *melanocrater*

它是原產於瓜地馬拉的三色花小型變種。和小型細紅果（P.75）一樣，具有葉子根部能積水的構造，是介於積水型和綠葉型之間的品種。它非常喜好水分，請大量澆水，或以盆栽栽種保持高濕度，植株才能健康生長。給予充足的日照，葉子會變成紅色。

Data	
類型	綠葉
大小	中
栽培難度	🌱🌱🌱
取得難度	🪴🪴🪴
花色	紫

松蘿鳳梨
T. usneoides

在原生地的松蘿鳳梨是附生在樹木等上面，細莖一邊慢慢伸展，一邊向下垂掛生長的特異品種。因為細莖和葉極不耐旱，尤其在冬天須格外勤澆水，或放在有加濕器的屋內管理，才能養出健康的植株。它極耐寒，冬季若沒有降霜，也能栽培在室外。

Data

類型	銀葉
大小	5cm至5m
栽培難度	❀ ❀
取得難度	🌵 🌵 🌵
花色	黃綠

飛牛蒂娜
T. velutina

它是瓜地馬拉產的強健品種。也會以慕蒂佛拉（Tillandsia brachycaulos var. multiflora.）的名字流通。不太耐旱，最好勤於澆水。觸摸起來如絲絨般的銀葉非常柔軟，若有充足的日照，開花時會變成紅色，開出的紫色筒狀花非常醒目吸睛。

Data

類型	銀葉
大小	中
栽培難度	
取得難度	
花色	紫

紫色大型沃尼
T. vernicosa 'Purple Giant'

Data

類型	銀葉
大小	大
栽培難度	
取得難度	
花色	白

沃尼一般的栽培品種是5至15cm的大小，如同它的名字，有的植株成長後直徑會變成30cm。如果放在日照良好處栽培，葉片會轉為紫色，植株也會更健康。鮮麗的朱紅色花苞和白色小三瓣花極富魅力。

維利迪福羅拉
T. viridiflora

它是以綠花為名的中型積水型鳳梨。屬於比較強健
的品種，極耐熱，成長緩慢，因較難開花，所以也
難繁殖。它和其他的積水型一樣，栽種在塑膠盆
時，植株根部要保持積水。如螺旋槳般的花朵直徑
約7至8cm大，具有甜香味。

Data	
類型	積水
大小	大
栽培難度	🌱🌱
取得難度	🪣
花色	黃綠

霸王鳳（法官頭）
T. xerographica

霸王鳳皮革般質感的寬葉，以及聚攏成
束的美麗外形，使它深受歡迎。在瓜地
馬拉大多為栽培種，以較便宜的價格就
能購得，這也是它的優點。直接栽種在
室外也無妨，在室內栽培時，澆水後一
定要將積存在葉間的積水去除。

Data	
類型	銀葉
大小	大
栽培難度	🌱🌱
取得難度	🪣🪣🪣
花色	紫

Chapter

3

空氣鳳梨
基本的栽培法

本章將介紹
各式各樣的野生空氣鳳梨，
它們所喜好的環境及基本的栽培法。

了解適合栽培
空氣鳳梨的環境

適合放置的場所

如同在空氣鳳梨的故鄉（P.10）中所提到的，各式各樣的空氣鳳梨原本生長的環境都不同，不過，基本上它們都是附生在樹木上，在陽光、風、降雨和霧氣等形成的高濕度環境下生長。

在栽培時，必須稍微費點心思，一邊依循這樣的環境條件，一邊根據不同的季節，變更放置的位置和調整澆水等。

春至秋季

■ 最低氣溫若為7至8℃以上時，盆栽移到屋外。勿讓陽光直射，放在陽臺或庭院的樹蔭底下管理。

■ 最高氣溫若為30℃以上時，儘量移到陰涼的地方或有遮陰處。

冬季

■ 最低氣溫若降到7至8℃以下時，請將盆栽移到屋內，隔著蕾絲窗簾能曬到太陽的地方。

■ 隆冬時，盆栽可以移到陽光能夠直射處。澆水後，儘量讓它保持通風。

如何澆水

空氣鳳梨具有耐旱的構造，基本上是喜歡水的植物。澆水時，請給予大量的水分，讓植株整體充分淋濕。綠葉型較難保有水分，所以請增加澆水的次數。

從春季到秋季，大致的標準是每週約澆2至3次，如果晚間澆水，讓盆栽的濕氣能保有2至3小時，植株生長狀況會變好。在氣溫低的冬季，可在上午澆水，控制在每週一次左右。

① 日常的澆水

盆栽若放在屋外，可利用噴壺大量澆水。此外，讓盆栽淋雨，植株能更健康的成長。若放在室內時，可利用噴霧器來澆水，不過這種情況下，也要讓植株整體都充分淋濕。也可以將盆栽拿到浴室或盥洗室等處，直接將它們泡入水中，這種方式也很簡便。

② 浸泡

剛購買的植株枯萎了，或因外出旅行等狀況太久沒澆水，這些情況下，以一般的澆水方式，盆栽也無法恢復生氣。這時，可以浸泡方式來因應，在水桶或水槽中裝水，將空氣鳳梨放入浸泡，讓它吸水。放在水中的時間最長不要超過12個小時，如果超過12個小時，植株會無法呼吸而枯萎。

但是，如果氣溫在5℃以下的冬季時，最好盡量避免這麼作。

如何施肥

空氣鳳梨即使沒施肥，也能充分成長，不過在適當的時期施予肥料，植株可能更強健、生長得更快，出現一些值得欣喜的變化。開花後，主要在春季到秋季間施肥，會更有效果。冬季請勿給予。

肥料可使用觀葉植物用的液態肥料。稀釋成原液的1000倍左右，以澆水2次施1次肥的頻率，以噴霧器施予。注意的重點是，施肥後的下一次澆水時，水要像沖掉肥料般來澆淋。肥料殘留在葉片表面，若濃度升高，也可能造成葉片枯萎。

病蟲害

空氣鳳梨雖然是較少有疾病和蟲害的植物，但是它們的葉和花仍可能受害。
發現疾病或蟲害時，請立刻處理。

葉蟎

一種極小的紅色蟎蟲，以吸收葉汁維生，受害的葉片上會形成小斑點，葉色變差。這種蟲不喜歡水分，所以持續澆水，能將其驅除。

臀紋粉介殼蟲

（Planococcus kraunhiae）

這是會附生在葉子根部等處的害蟲。空氣鳳梨的葉子根部若發現明顯的白粉，就有可能遭此蟲害。若放著不管，植株可能會日漸衰弱枯死，所以一旦發現，請儘早用「Oorutoran可濕性藥粉」等殺蟲劑予以消滅。

蛞蝓等

蛞蝓會在夜間啃食花或嫩芽。如果發現請捕捉驅除，或利用誘殺劑等。此外，馬陸或木蝨（woodlouse）也會啃食葉子表面的絨毛。

讓植株開花

栽培空氣鳳梨的樂趣之一，就是它會開花。根據不同的品種，開出的花也形形色色，許多都色彩鮮豔、十分美麗，其中有的花非常芳香。以下將介紹，讓空氣鳳梨開花的條件。

第一點是注意陽光是否直接照射植株，請儘量讓植株長時間接受日照。這也是培育出健康植株的條件。

第二點是讓植株長到適當的大小。根據不同的店家，有時販售的植株還太小，不過空氣鳳梨得長到適當的大小才會開花。

以下將介紹空氣鳳梨中容易開花的品種，以及數年才開一次花的品種。

容易開花的品種　多國花・章魚・女王頭・紫羅蘭・雞毛撢子・小精靈・琥珀等

多國花

墨西哥小精靈

迷你紫羅蘭

數年才開一次花的品種　亞伯提那・大白毛・及利瑪尼等大型品類數年才會開一次花。

亞伯提那

利瑪尼

讓植株長根

在原生地附生在樹木等上面成長的空氣鳳梨，從根部也能吸收水分和養分。因此，固定根部讓它附生，植株長根後會成長得更快，生長得更健康。

但是絕大部分剛購買的空氣鳳梨，不是沒有根，就是即使有根，也彷彿枯了一般只有寥寥數根褐色根。因此，本章節將教你如何將這樣的空氣鳳梨附生在漂流木或軟木塞等物體上。

附生方法1 固定在漂流木等上

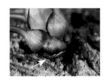

【 無根時 】
剛分株的子株還沒有根，只要好好的栽培，就能長出新的根。

① 在物體上鑽孔時，是在兩個位置鑽孔，在植株根部或葉子根部穿入鐵絲，再固定植株。如果沒有鑽孔，可將鐵絲纏繞到裡側。

② 在底座的裡側擰轉鐵絲，確實固定植株。強力扭轉鐵絲時，要十分小心，避免弄傷植株。

③ 在還沒長出新根之前，重要的是要牢牢地固定植株避免移動。可在另一個孔，穿入鐵絲吊掛起來。

【 有老根時 】
變成褐色的老根，
有時無法附生或吸收水分，
以釘書機固定，更容易固定植株。

① 有時植株的根部很短，這時可選擇較薄的素材。為了讓根部穿過，素材上先以錐子或螺絲起子等鑽孔。

② 在孔中穿入根，調整好角度讓植株不會搖晃，決定角度後，以釘書機等將根部確實固定在底座的裡側。

③ 在另一個地方鑽孔，穿入鐵絲，可作為吊掛用的掛鉤。

漂流木

有各式各樣外形和大小，
能夠重現自然的風景。

蛇木板

以木生羊齒的根
集結成的枝幹裁切而成，
有板狀或棒狀。

軟土塞板

橡樹的樹皮切割製成，
有排斥水的特性。

屑木料

松樹等的樹皮碾碎製成，
有各式各樣的大小。

附生方法2 種在盆缽中

基本上，積水型鳳梨是栽種在盆缽中，不過，若
適當組合不同種的栽培用土及盆缽的素材，綠葉
和銀葉型空氣鳳梨也能在盆缽中栽培。

盆缽栽培的優點是，水分會從土壤或盆缽中蒸
發，對空氣鳳梨來說，較易維持適當的濕度，此
外，長出新根附後後，植株能成長得更好。

素燒盆和塑膠盆都適合用來栽培空氣鳳梨。素燒
盆的特色是容易乾，但如果尺寸太大就不易乾，
所以請選擇小素燒盆即可。塑膠盆缽較不易排
水，建議喜好水分的積水型或綠葉型使用。用土
可使用浮石或木屑料等。

素燒盆　　　塑膠盆

浮石

有各式各樣的大小，
大的較佳。
具有優良的透氣性。

泥炭蘚（Sphagnum）

栽種時，
結實地填塞在盆裡。
保水性佳。

椰殼土

椰殼碾碎製成，
保水性佳。
建議積水型使用。

木屑料

具有適度的保水性，
和浮石混合，
能形成適當的栽培環境。

空氣鳳梨的繁殖法

繁殖法 1 　以分株法繁殖

根據空氣鳳梨不同的品種，長出子株的外形也各有不同，不過，多數品種不管有無開花，成長至某程度後都會長子株，也有開花後才長子株的品種。在P.103中已介紹過容易開花的品種，也可說是容易長子株的品種。

長出子株的母株會停止生長，持續將營養輸送給子株，讓子株快速成長。想增加植株時，在適當時機將子株從母株上切下，子株的生長速度就會變慢。分離子株時，最好子株已成長至母株的2/3程度的大小。

長出2株子株的粗糠。大的子株已長到母株2/3以上的大小。

以手握住莖部將母株和子株拉開，就能簡單地分開。還沒長到2/3大小的另一株子株則讓它繼續留在母株上。

【 容易叢生的種類 】
紫羅蘭・貝利藝・虎斑・小精靈・琥珀・多國花等

什麼是叢生？

子株不斷從母株上生出，成為群生的狀態即稱為叢生。

雖然長成叢生狀要花很長的時間，不過長大後一齊綻放花朵的姿態是無與倫比的。長時間栽培空氣鳳梨後，請試著挑戰栽培成叢生狀看看吧！

雖然植株在叢生狀態下，具有比單株更強健、更容易培育的優點，但這種狀態容易積水，所以必須勤於去除枯葉，放在通風良好處等。

繁殖法 2 　以種子繁殖

空氣鳳梨即使開花，自體受粉結果的或然率也很低。不過，當然也有像羅莉雅紀等容易自體受粉的品種。花朵受粉後，含有種子的蒴果莢約1年成熟。從中會彈出長有絨毛的種子，採取後搓入蛇木板中，每天以噴霧器澆水。約1至2週的時間即可發芽。之後和母株同樣地管理，不過必須更細心地照料。許多種類必須栽培4至5年才會開花。

附有蒴果莢的植株。

蒴果莢彈出後，裡面有長絨毛的種子。

發芽後經過數週時間，慢慢地形成子株。

大約經過半年至1年的時間，終於長到5mm的大小。

空氣鳳梨的栽培行事曆

前文中已說明各類型空氣鳳梨的特徵和其栽培法等，
雖然是不同的種類，但基本的栽培方法大同小異。
請以這份行事曆作為基準，確認空氣鳳梨一整年的栽培方式。

	放置場所	澆水	其他
4月	到了最低氣溫約7至8℃的4月下旬左右，移至屋外栽培。	每週澆水2次以上（如果隔天植株完全乾了，每天澆水也OK）。傍晚至夜晚之間澆水。	肥料 開花前後或長出子株後等，以澆水2次施1次肥的頻率來施肥（冬天不施肥）。
5月			
6月			
7月			
8月	氣溫如果超過30度，請移到陰涼處或有遮陰處。		
9月			
10月			
11月			
12月	最低氣溫若至7至8℃左右，請移至屋內。（最低氣溫若在7至8℃以上，即使是冬天也能在屋外管理）	每週澆水約1至2次。若栽培在溫暖的屋內，每週澆水2次以上也沒關係。若栽培在寒冷的屋內，每月澆水2次3次左右，請在中午澆水。	分株 子株生長至適當的大小，全年皆可進行分株。
1月			
2月			
3月			

各種煩惱&期望Q&A

煩惱Q&A

Q1. 葉尖枯萎了，怎麼辦？

A1. 空氣鳳梨發生葉尖枯萎的現象，多數是因為缺乏水分。只需增加平日的澆水次數就行。

但若是外側的葉片慢慢地枯萎，只是老化現象，不用擔心也無妨。

枯葉雖然放著不管也沒關係，但只要一發現，請以剪刀將枯萎的部分剪掉。

Q2. 葉片捲曲成圓弧狀！

A2. 這種情況是植株太乾造成的缺水現象。這時可增加平日的澆水頻率，如果葉片枯萎情況太嚴重，請進行浸泡（→P.101）作業。

換用盆缽栽種或讓它附生（→P.104），植株便會健康地成長。

Q3. 為什麼植株整體變色又變輕？

A3.
這是因為植株缺水或積水造成腐爛現象所致。若發生這種情況，請剝除外面枯掉的葉子，只保留中央活著的部分，植物便能設法復活，如果連中心部分都已枯萎，這時很可惜，應該已救不回來了。

空氣鳳梨比其他的植物變化小，即使變衰弱，從外觀也很難看得出來，所以重點是平時就要仔細觀察。

Q4. 莖折斷了怎麼辦！

A4.
空氣鳳梨的莖如果折斷了，大部分情況下都沒有關係。雖然折斷的部分不一樣，不過它們和多肉植物一樣，會從折斷處長出新芽。有莖類的空氣鳳梨被認為較容易折斷，但斷開處的上面部分還能存活，下面部分大多會枯死。根據不同的品種和狀況，情況可能有異，所以先別放棄，請保持原狀觀察看看。

從折斷部分長出子株的開羅斯（Tillandsia Queroensis）。

Q5. 屋裡沒有窗簾，空氣鳳梨也可以放在室內栽培嗎？

A5.
請儘量將空氣鳳梨放在明亮的窗邊栽培。在春季到秋季，讓它隔著蕾絲窗簾在窗邊接受日照，打開窗戶保持通風也很重要。盛夏時，植株容易被曬乾，請注意避免讓它直射陽光。

冬季時關著窗戶，最好儘量讓它直射陽光。若陽光太強，請隔著蕾絲窗簾讓它照射。放置加濕器、或放在其他觀葉植物的根部，來增加濕度也行。

雨天時掛在窗外等讓它淋雨，植株會變得更健康。

期望Q&A

Q1. 我想讓空氣鳳梨開花，該怎麼作呢？

棉花糖華麗的開花情形。

銅板（左）和紫水晶（右）開出色調可愛的花。

A1. 購買時，請挑選已成長變大的植株，並且儘量讓它長時間接受日照。不過須注意日照太強烈會造成葉子曬傷。住在公寓等社區住宅時，或許日照的時間有限，不過讓植株長時間接受日照，植株較容易開花。

也可以試著直接栽培比較容易開花的品種（P.103）。

Q2. 我希望繁殖植株，該怎麼作呢？

長出子株的大三色。

長出第3代子株的墨西哥小精靈。

A2. 有些品種容易長出子株，例如小精靈、大三色、貝利藝等。大三色一次甚至能長出5棵子株。

子株是從母株獲取營養，所以子株太早從母株分離，生長的速度會變慢。希望子株迅速長大時，請勿從母株上取下。但是子株不與母株分離，母株無法長出下一棵子株，這時如果希望增加子株數量時，當子株長到自己能成長的大小後，便從母株上取下，這樣母株之後又會長出一到兩棵子株。

Q3. 我希望植株能成長變大，怎麼作才好呢？

大白毛也能長到高達60cm以上的大小。

小型可卡它的外形也能因叢生變得相當可觀。

A3. 空氣鳳梨有各式各樣的大小，空氣型大多是較小至中型的品種，積水型多數為大型品種。空氣型能長成大株的有霸王鳳、曹西古拉塔、大白毛（Tillandsia tectorum 'Large Form'）等。此外，將小至中型的空氣鳳梨栽培成龐大的叢生（→P.106）狀態，也樂趣無窮。

Q4. 我想一起栽種數種不同的品種，怎麼作才好呢？

A4.
可以將澆水頻率一致的整合在一起栽種。但是，較喜歡乾燥環境的銀葉種等，適合掛在通風和日照狀況較佳的高處；而喜好水分的綠葉種和積水型等品種，則可放置在地面稍陰暗處等來調整環境。

此外，留意別讓植株直接接觸到葉子根部的積水，或在積水型的葉間放置綠葉型的品種，這樣生長的情況也會變好。

Q5. 如何能長期享受栽培的樂趣？

認真地持續栽培，我手中拿的是溫室中栽培出的最大叢生狀的貝利藝。

A5.
基本上，請不要思考空氣鳳梨的壽命問題。其中有的品種開花後，沒長出子株就會枯死，不過大多數的品種都能繼續生存。

栽培上不需要特別的技巧。或許有時會失敗，但是最重要的是保持興趣持續栽培。在不斷栽培中自然能減少失敗，栽培得更好。不適合環境的品種也許栽培得不好，不過這樣會剩下適合環境的品種，集合這些品種或許更有利栽培。

享受空氣鳳梨的
花式栽培法

這裡將介紹
在生活中的各種場景和空間中，
如何變化栽培喜愛的空氣鳳梨。

Entrance

在大玻璃瓶中，放入霸王鳳等
大型空氣鳳梨品種，牆上掛著
松蘿鳳梨。

※這裡介紹的花式栽培法，是將空氣鳳梨當作裝飾。栽培時，請參考P.100～的內容適當地管理。

尤其是將空氣鳳梨放入玻璃瓶中就不管，植物便會枯死。所以若以這樣的狀態作為裝飾，2至3天就要停止，之後恢復以一般的狀態來管理。

Step

以鐵絲吊掛著叢生狀的薩克沙泰利斯樹猴和藍色花。利用素燒盆或空罐等栽種多國花、犀牛角、貝可利等，也可以放在樓梯上當裝飾。

Living

空氣鳳梨栽培在形形色色的漂流木上各具特色。圖中有瓜地馬拉小精靈、紫色變種沃尼、紫水晶、長莖小精靈及全紅小精靈。

Living

在燒杯或培養皿等玻璃容器中，裝飾上大小適合的小精靈、三色花、粗糠等空氣鳳梨。

Living

椅子上的籃子裡種滿小精靈、
犀牛角、松蘿鳳梨、多國花和
虎斑等我喜愛的空氣鳳梨。

Living

在鋪入軟木塞屑的鳥籠中，放
入火焰小精靈、多國花、薩克
沙泰利斯樹猴、犀牛角等大小
和顏色不同的空氣鳳梨。

Desk

放在手邊的是德魯伊小精靈
等。牆上的軟木塞板上以鐵絲
栽種著小型的空氣鳳梨。

Kitchen

硬葉多國花、火焰小精靈等小
型空氣鳳梨搭配日式餐具。粗
糠等有莖的空氣鳳梨則插在深
的盆缽中。

Closet

衣架上以鐵絲掛著可洛卡塔、
墨西哥小精靈和貝利藝等叢生
的空氣鳳梨。

SPECIES NURSERY所在的中井町的生活點滴

以下將介紹筆者經營的SPECIES NURSERY所在的神奈川縣中井町。
以及每天栽培各式空氣鳳梨的情況。

我在園藝店等地工作一段時間後，於2001年獨立開設了SPECIES NURSERY。雖然，我一直在東京的小溫室中栽培空氣鳳梨，可是為了擴展溫室的規模，在八年前搬到中井町。不過，我本身是九州人，內人（恭子小姐）則是生於東京。搬到沒有熟人、不熟悉的地方，老實說，原本心中感到有點孤寂與不安。

可是在實際搬過來之後，發現這裡不僅氣候溫暖怡人，居民也讓人覺得很溫暖，一下子我就愛上了這個城鎮。

在溫室裡澆水的太太，以及在檢視一株空氣鳳梨的情形的我。

例如，當時我購買的溫室（農地），必須通過農業委員會的審查。可是，每個地區的狀況不同，審查結果一直沒有著落。當時，中井町的人真的對我們非常好。許多人都教我們該如何辦手續，多虧他們的指點總算通過了審查。現在我們能繼續開設SPECIES NURSERY，我覺得全拜這個城鎮之賜，能在這裡栽培空氣鳳梨，我覺得一定要對中井町有所回饋。

　　中井町的另一項魅力是，若走高速公路到東京只要40分鐘，交通非常方便，而且那裡有山又有河，再走遠一點還能看見海，自然環境豐富多彩。一年四季景色優美，在天氣晴朗的日子，從樹林間的某處還能遠眺雄偉的富士山。在如此富饒的自然環境中，我想人和植物都能健康、興旺地生存下去吧！

SPECIES NURSERY

神奈川縣足柄上郡中井町
090-7728-5979（10:00至19:00）
0465-81-4801（FAX）
http://speciesnursery.com

從普及種到稀有種，我們在這個溫室中細心地栽培著豐富多樣的空氣鳳梨。

《Tillandsia Handbook》與我

《Tillandsia Handbook》出版時影響了許多人，筆者是其中之一。
它是日本第一本空氣鳳梨專書，
該書至今仍然備受空氣鳳梨迷的矚目。

1990年左右我第一次見到空氣鳳梨，當時我還是個大學生。那時空氣鳳梨剛引進日本沒多久，它們被介紹成吸收空氣中水分生長的植物。在此之前，我曾在國外的書中看過關於它的介紹，於是我買了數株，分別放在家裡不同的地方試著養養看。之後，養在家中的植株枯萎了，但是放在外面能淋到雨水處的植株，卻健康地成長。因此我了解到，空氣鳳梨不僅需要濕度，也需要雨水或霧氣等水分，看著它們不斷地成長相當有趣。

《Tillandsia Handbook》
清水秀男著／日本Cactus企畫
社出版部（現已絕版）
在空氣鳳梨剛在日本流通的
1992年，書中已介紹120種品
種，是日本第一本空氣鳳梨專
書。

《New Tillandsia Handbook》
清水秀男・滝沢弘之共著／日本
Cactus企畫社出版部（現已絕版）
這本書是1998年出版的《Tillandsia
Handbook》修訂版。書中有350種
以上的空氣鳳梨開花圖。兩位空氣鳳
梨的先驅，在書中也介紹了栽培時的
建議，內容精彩詳實。

　　不過，雖然我那麼做，但我從沒想過將來要從事
栽培植物的工作。大學畢業後，我從事了和植物毫無
關係的工作，但同時也基於興趣，繼續栽培空氣鳳
梨。當我讓空氣鳳梨開過數朵花後，因為自己是素
人，正自滿於「自己所知的那套栽培法」時，我在園
藝店中偶然看到《Tillandsia Handbook》這本書。
我翻看內容，裡面有我沒見過的空氣鳳梨圖片及原生
地的介紹。此外，書中刊載的美麗圖片中，所有植株
都在非常良好的狀況下盛開著花朵。光看內容就令人
雀躍。真厲害……我心裡暗忖，我還差得遠呢！另一
方面，透過這本書我又重新發現空氣鳳梨的魅力及深
奧，從此一頭栽入其中。

　　當時我還不認識作者清水秀男先生，以及《New
Tillandsia Handbook》的共著者滝沢弘之先生，不
過在我辭掉公司職員的工作，走上植物領域之路，研
究空氣鳳梨的過程中，也曾與兩位先生會晤。至今一
直承蒙他們多方照顧，也讓我學習到很多，至今我依
然在學習中。說起來有點不好意思（笑），他們真的
是我相當尊敬的人。我希望未來有一天能夠像他們一
樣。

＊滝沢弘之
日本鳳梨科植物協會會長，醫
師・醫學博士。1998年，和
清水先生共同撰寫了《New
Tillandsia Handbook》一書。
發現了Tillandsia× mmarceloi、
Takizawae等日本的鳳梨科植
物，並推動研究工作。

在日本能看到最多
空氣鳳梨的植物園

熱川熱帶鱷魚園（Atagawa Tropical & Alligator Garden）是目前在日本能看到最多空氣鳳梨的植物園。我們請教了鳳梨科植物的負責人，也是日本鳳梨科植物栽培界首屈一指的人物——清水秀男先生。

　　搭乘伊豆急行線在伊豆熱川車站下車後，眼前立刻能看到大幢的溫室，那裡是熱川熱帶鱷魚園。在區分為本園與分園的園區內，以熱帶植物為中心，大約展示9000種植物。其中最值得一看的是鳳梨科植物專用溫室的本園4號溫室，及展示空氣鳳梨的分園1號溫室，大約能欣賞到800種以上的鳳梨科植物。分園1號溫室的通道上，除了展示空氣鳳梨之外，在通道的另一側空間（P.125圖片）中，還栽培著許多空氣鳳梨。

　　1975年，清水先生開始在熱帶鱷魚園栽培空氣鳳梨。當時僅有鳳梨科植物的溫室，自德國進口50種品種後揭開了今日收藏的序幕。1985年清水先生開始負責該溫室，品種也大幅度地增加，現在慎重管理著約300種品種。

*清水秀男
熱川鱷魚園中熱帶植物的負責人。1992年出版日本第一本空氣鳳梨專書《Tillandsia Handbook》。不只是空氣鳳梨，他對所有植物都擁有豐富的知識。

上&下左／在本園4號溫室能看到美麗的鳳梨科植物品種。重新展現原生地令人震撼的姿態。下右／分園1號溫室中，空氣鳳梨和蘇鐵等一起展出。許多都是長得很大的叢生植株。

清水先生表示，空氣鳳梨的魅力在於「它們和其他植物都不同，栽培法也很奇特。即使不種在土裡，不太常澆水也能栽培，是很獨特的植物。」「不過雖說如此，它們畢竟是植物，也是生物。並非裝飾品。栽培時若沒充分了解適合該植物的環境，就種不出健康的植株，而且也不會開花。我出版《Tillandsia Handbook》的目的，就是想傳達若能正確地培育空氣鳳梨，它們都會變得那麼漂亮，開出美麗的花。我們在熱帶鱷魚園費心展示，也是希望能夠傳達空氣鳳梨的美。」

不管在任何季節，園區內都能看到在近似原生地的環境中，栽培出的美麗植株與花朵。喜愛空氣鳳梨的讀者們，請務必前往園區欣賞。

熱川熱帶鱷魚園

靜岡縣賀茂郡東伊豆町奈良本1253-10
營業時間：8：30至17：00（入園至16：30為止）
定休日：全年無休　TEL：0557-23-1105
http://www.i-younet.ne.jp/
~wanien/index1.htm

左／這是以玻璃區隔的空間。加入日本鳳梨科植物協會者，才能在參觀活動中入內參觀。詳情請見日本鳳梨科植物協會HP（http://www.bromeliads.jp）。
上／1992年，清水先生在巴拉圭採集到的白天鵝（T. barfussii）。中／比一般植株尺寸大上2倍的大型種章魚（T. bulbosa）。下／清水先生在墨西哥採集到的費希古拉塔（T. fasciculata）和小精靈（T. ionantha）的自然雜交種——妮兔絲（T. nidus）。

索引

| 自然綠生活 | 09

懶人植物新寵 ‧ 空氣鳳梨栽培圖鑑

作　　者/藤川史雄
譯　　者/沙子芳
發 行 人/詹慶和
總 編 輯/蔡麗玲
執行編輯/劉蕙寧
編　　輯/蔡毓玲‧黃璟安‧陳姿伶‧白宜平‧李佳穎
封面設計/周盈汝
美術編輯/陳麗娜‧翟秀美‧韓欣恬
內頁排版/造極
出 版 者/噴泉文化館
發 行 者/悅智文化事業有限公司
郵政劃撥帳號/ 19452608
戶　　名/悅智文化事業有限公司
地　　址/新北市板橋區板新路 206 號 3 樓
電子信箱/ elegant.books@msa.hinet.net
電　　話/ (02)8952-4078
傳　　真/ (02)8952-4084

2015 年 10 月初版一刷　定價 380 元

FUJIKAWA FUMIO TILLANDSIA BOOK AIR PLANTS HYAKUSHU NO
SODATEKATA by Fumio Fujikawa
Copyright© 2014 Fumio Fujikawa
All rights reserved.
Original Japanese edition published by Mynavi Corporation
This Traditional Chinese edition is published by arrangement with
Mynavi Corporation, Tokyo in care of Tuttle-Mori Agency, Inc., Tokyo
through Keio Cultural Enterprise CO., Ltd., New Taipei City, Taiwan

經銷/高見文化行銷股份有限公司
地址/新北市樹林區佳園路二段 70-1 號
電話/ 0800-055-365　　傳真/ (02)2668-6220

關於作者

藤川史雄

Fumio Fujikawa
SPECIES NURSERY負責人。曾任園藝店店長，
2001年開設SPECIES NURSERY，以販售空氣鳳
梨為主的鳳梨科植物、多肉植物和球根植物等。
2012年遷至現在所在的神奈川縣中井町。悉心培
育的健康美麗植株，主要批發給園藝店、在活動中
展售或透過網路販售。

STAFF

攝影/羽田誠‧藤川史雄（P.96上）
設計/木村美穗（きむら工房）
造型/駒井京子（封面‧P.1至P.3‧P.112至P.119）
插 圖/須山奈津希
企畫‧編輯/土澤あゆみ
編輯/成田晴香（Mynavi Corporation）
協力/清水秀男（熱川熱帶鱷魚園）
攝影協力/吉祥寺‧キチム

攝影小物協力/
UTUWA
東京都渋谷區千駄ヶ谷 3-50-11-1F

AWABEES
東京都渋谷區千駄ヶ谷3-50-11-5F

國家圖書館出版品預行編目 (CIP) 資料

懶人植物新寵‧空氣鳳梨栽培圖鑑 / 藤川史雄著；
沙子芳譯 . -- 初版 . -- 新北市：噴泉文化館出版，
2015.10
　面；　公分 . -- (自然綠生活；9)
ISBN978-986-91872-8-2 (平裝)

1. 鳳梨 2. 栽培

435.326　　　　　　　104018303

Tillandsia Book

Tillandsia Book

Tillandsia Book